KB177104

으뜸 매직셈 ③

대한암산수학연구소

세광m

차례

1. 곱셈구구 3

2. 2의 단 곱셈구구 이해 4

3. 두 자리 수 × 한 자리 수(2단) 5

4. 두 자리 수 × 한 자리 수(3단) 14

5. 2위 × 1위(2, 3단) 22

6. 두 자리 수 × 한 자리 수(4단) 26

7. 5의 짝 계산 뺄셈 29

8. 2위 × 1위(2, 3, 4단) 35

9. 두 자리 수 × 한 자리 수(5단) 39

10. 2위 × 1위(2, 3, 4, 5단) 47

11. 두 자리 수 × 한 자리 수(6단) 51

12. 종합 연습문제 1 56

13. 종합 연습문제 2 58

14. 종합 연습문제 3 60

15. 종합 연습문제 4 62

16. 정 답 63

공부한 날   월   일

 곱셈구구를 하여 답을 쓰세요.

×	0	1	2	3	4	5	6	7	8	9
2										

×	3	5	1	0	8	9	7	6	4	2
4										

×	7	2	9	8	3	4	1	6	0	5
6										

×	3	2	8	5	4	7	9	0	1	6
8										

×	4	2	8	9	5	7	6	1	0	3
5										

×	6	0	9	2	7	8	3	4	1	5
3										

×	3	6	7	0	2	8	5	1	4	9
7										

×	4	3	2	8	1	9	0	6	7	5
9										

Tip	10이 안되는 구구단 앞에는 반드시 '0'을 붙여 읽어 줍니다.

2의 단 곱셈구구의 이해

×	0	1	2	3	4	5	6	7	8	9
	+2	+2	+2	+2	+2	+2	+2	+2	+2	+2
2	00	02	04	06	08	10	12	14	16	18

위와 같이 2의 단 곱셈구구에서는 답이 2씩 커집니다.

2의 단은 2를 거듭 더해 나가는 것을 말합니다.

2씩 거듭 더하기	2의 단	답
2	2×1	02
2+2	2×2	04
2+2+2	2×3	06
2+2+2+2	2×4	08
2+2+2+2+2	2×5	10
2+2+2+2+2+2	2×6	12
2+2+2+2+2+2+2	2×7	14
2+2+2+2+2+2+2+2	2×8	16
2+2+2+2+2+2+2+2+2	2×9	18
2+2+2+2+2+2+2+2+2+2	2×10	20

$2 \times 8 = 2+2+2+2+2+2+2+\square$

$2 \times 4 = 2+2+2+\square$

$2 \times 9 = 2+2+2+2+2+2+2+2+\square$

$2 \times 6 = 2+2+2+2+2+\square$

$2 \times 3 = 2+2+\square$

$2 \times 7 = 2+2+2+2+2+2+\square$

$2+2+2+2+2+2+2 = 2 \times 6 + \square$

$2+2+2+2 = 2 \times 3 + \square$

$2+2 = 2 \times \square + \square$

$2+2+2+2+2+2 = 2 \times 5 + \square$

$2+2+2+2+2 = 2 \times 4 + \square$

$2+2+2+2+2+2+2 = 2 \times 6 + \square$

공부한 날

월   일

 2의 단 곱셈구구를 하여 답을 쓰세요.

1	13 × 2 = 20 + 6 = 26	
2	42 × 2 =	2 × 1 =
3	71 × 2 =	2 × 2 =
4	83 × 2 =	2 × 3 =
5	54 × 2 =	2 × 4 =
6	74 × 2 =	2 × 5 =
7	79 × 2 =	2 × 6 =
8	58 × 2 =	2 × 7 =
9	60 × 2 =	2 × 8 =
10	39 × 2 =	2 × 9 =
11	67 × 2 =	
12	28 × 2 =	2 × 10 =
13	36 × 2 =	2 × 20 =
14	19 × 2 =	2 × 30 =
15	84 × 2 =	2 × 40 =
16	48 × 2 =	2 × 50 =
17	55 × 2 =	2 × 60 =
18	87 × 2 =	2 × 70 =

$89 \times 2 = 178$

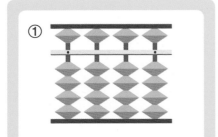

① 일의 자리부터 앞으로 하나, 둘, 셋하며 개수만큼 집어서 백의 자리에 손을 멈추게 한다.

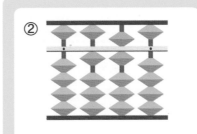

② 십육, 십팔하고 읽게 한 다음 백의 자리부터 순서대로 십육하며 놓게 하고 손을 떼지 못하게 한다.

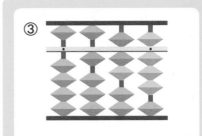

③ 손을 떼지 않고 그 자리부터 겹쳐서 십팔하며 놓아주라고 한 후 답을 읽으라고 한다.

 주판으로 계산하세요. (제한시간 5분)

1	$87 \times 2 =$	
2	$69 \times 2 =$	
3	$96 \times 2 =$	
4	$78 \times 2 =$	
5	$58 \times 2 =$	
6	$59 \times 2 =$	
7	$65 \times 2 =$	
8	$95 \times 2 =$	
9	$2 \times 64 =$	
10	$2 \times 73 =$	
11	$2 \times 82 =$	
12	$2 \times 91 =$	

 암산으로 계산하세요. (제한시간 5분)

1	$15 \times 2 =$	
2	$25 \times 2 =$	
3	$35 \times 2 =$	
4	$45 \times 2 =$	
5	$38 \times 2 =$	
6	$49 \times 2 =$	
7	$37 \times 2 =$	
8	$28 \times 2 =$	
9	$2 \times 11 =$	
10	$2 \times 22 =$	
11	$2 \times 33 =$	
12	$2 \times 44 =$	

   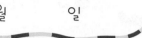

주판으로 계산하세요. (제한시간 5분)

1	2	3	4	5
8	61	5	58	63
73	5	72	4	4
6	2	37	17	9
9	59	9	9	52
31	4	4	5	7

6	7	8	9	10
2	47	74	63	36
67	2	3	5	8
1	−3	6	71	26
8	69	49	−39	5
53	4	5	4	92

암산으로 계산하세요. (제한시간 3분)

1	2	3	4	5	6	7
6	8	6	8	5	7	9
3	6	2	3	8	6	3
8	7	1	7	7	5	3
9	4	8	4	6	4	1
5	2	3	2	3	8	2

공부한 날

월   일

2단

$2 \times 1 =$
$2 \times 2 =$
$2 \times 3 =$
$2 \times 4 =$

```
    5  7
 ×     2
```

```
    2
 ×  4  6
```

$2 \times 5 =$
$2 \times 6 =$
$2 \times 7 =$
$2 \times 8 =$
$2 \times 9 =$

 주판으로 계산하세요. (제한시간 5분)

1	$24 \times 2 =$		
2	$50 \times 2 =$		
3	$46 \times 2 =$		
4	$93 \times 2 =$		
5	$62 \times 2 =$		
6	$58 \times 2 =$		
7	$75 \times 2 =$		
8	$91 \times 2 =$		
9	$36 \times 2 =$		
10	$87 \times 2 =$		
11	$2 \times 70 =$		
12	$2 \times 16 =$		
13	$2 \times 54 =$		
14	$2 \times 39 =$		

 암산으로 계산하세요. (제한시간 5분)

1	$73 \times 2 =$		
2	$56 \times 2 =$		
3	$90 \times 2 =$		
4	$57 \times 2 =$		
5	$83 \times 2 =$		
6	$37 \times 2 =$		
7	$65 \times 2 =$		
8	$92 \times 2 =$		
9	$18 \times 2 =$		
10	$78 \times 2 =$		
11	$2 \times 52 =$		
12	$2 \times 60 =$		
13	$2 \times 38 =$		
14	$2 \times 47 =$		

월   일

주판으로 계산하세요. (제한시간 5분)

1	2	3	4	5
9	76	18	7	64
72	7	3	82	1
37	2	56	5	16
14	1	4	−64	3
8	79	52	33	72

6	7	8	9	10
3	71	28	73	2
12	3	9	4	78
6	82	6	5	5
81	4	73	67	39
65	9	65	1	58

암산으로 계산하세요. (제한시간 3분)

1	2	3	4	5	6	7
5	6	6	7	6	6	8
9	7	8	4	1	2	6
2	4	3	2	7	3	4
1	3	2	8	4	9	2
4	9	4	5	9	7	3

공부한 날   월   일

2단

$2 \times 1 =$
$2 \times 2 =$
$2 \times 3 =$
$2 \times 4 =$

$$\begin{array}{r} 4\ 8 \\ \times \quad 2 \\ \hline \end{array}$$

$$\begin{array}{r} 2 \\ \times \quad 1\ 9 \\ \hline \end{array}$$

$2 \times 5 =$
$2 \times 6 =$
$2 \times 7 =$
$2 \times 8 =$
$2 \times 9 =$

 주판으로 계산하세요. (제한시간 5분)

 암산으로 계산하세요. (제한시간 5분)

	주판		
1	$57 \times 2 =$		
2	$81 \times 2 =$		
3	$34 \times 2 =$		
4	$70 \times 2 =$		
5	$42 \times 2 =$		
6	$65 \times 2 =$		
7	$96 \times 2 =$		
8	$15 \times 2 =$		
9	$76 \times 2 =$		
10	$54 \times 2 =$		
11	$2 \times 91 =$		
12	$2 \times 80 =$		
13	$2 \times 26 =$		
14	$2 \times 48 =$		

	암산		
1	$46 \times 2 =$		
2	$53 \times 2 =$		
3	$75 \times 2 =$		
4	$95 \times 2 =$		
5	$80 \times 2 =$		
6	$77 \times 2 =$		
7	$38 \times 2 =$		
8	$63 \times 2 =$		
9	$49 \times 2 =$		
10	$37 \times 2 =$		
11	$2 \times 61 =$		
12	$2 \times 45 =$		
13	$2 \times 10 =$		
14	$2 \times 36 =$		

공부한 날

월   일

주판으로 계산하세요. (제한시간 5분)

1	2	3	4	5
7	49	6	84	73
68	32	79	5	96
4	3	61	−36	2
19	−64	2	92	9
83	7	93	3	28

6	7	8	9	10
2	81	7	5	81
51	2	2	72	4
34	−53	64	98	36
5	8	25	−25	8
63	74	1	6	69

암산으로 계산하세요. (제한시간 3분)

1	2	3	4	5	6	7
5	7	9	5	8	1	7
4	3	6	4	9	4	9
6	8	1	6	1	7	3
3	4	2	2	2	6	8
9	6	8	7	8	8	2

2단

2×1 =
2×2 =
2×3 =
2×4 =

$$\begin{array}{r} 6\ 0 \\ \times\quad 2 \\ \hline \end{array}$$

$$\begin{array}{r} 2 \\ \times\ 8\ 9 \\ \hline \end{array}$$

2×5 =
2×6 =
2×7 =
2×8 =
2×9 =

 주판으로 계산하세요. (제한시간 5분)

1	62 × 2 =	
2	89 × 2 =	
3	37 × 2 =	
4	92 × 2 =	
5	73 × 2 =	
6	50 × 2 =	
7	15 × 2 =	
8	29 × 2 =	
9	64 × 2 =	
10	47 × 2 =	
11	2 × 51 =	
12	2 × 43 =	
13	2 × 94 =	
14	2 × 10 =	

 암산으로 계산하세요. (제한시간 5분)

1	39 × 2 =		
2	25 × 2 =		
3	72 × 2 =		
4	82 × 2 =		
5	66 × 2 =		
6	85 × 2 =		
7	90 × 2 =		
8	81 × 2 =		
9	16 × 2 =		
10	49 × 2 =		
11	2 × 69 =		
12	2 × 58 =		
13	2 × 93 =		
14	2 × 87 =		

공부한 날

월   일

주판으로 계산하세요. (제한시간 5분)

1	2	3	4	5
37	79	5	68	59
2	4	12	-3	7
3	5	43	52	39
11	23	6	7	8
9	4	2	12	4

6	7	8	9	10
98	76	8	54	68
60	8	15	5	9
5	-34	93	8	55
47	2	7	-12	7
3	67	39	29	54

암산으로 계산하세요. (제한시간 3분)

1	2	3	4	5	6	7
2	7	9	4	5	6	2
7	4	6	3	8	7	6
3	6	1	7	4	3	9
6	2	4	1	6	5	3
8	8	7	2	9	8	7

공부한 날   월   일

3단

3 × 1 =
3 × 2 =
3 × 3 =
3 × 4 =

```
    6  3
 ×     3
```

```
    3
 ×  8  9
```

3 × 5 =
3 × 6 =
3 × 7 =
3 × 8 =
3 × 9 =

 주판으로 계산하세요. (제한시간 5분)

1	80 × 3 =	
2	43 × 3 =	
3	76 × 3 =	
4	54 × 3 =	
5	62 × 3 =	
6	17 × 3 =	
7	94 × 3 =	
8	29 × 3 =	
9	35 × 3 =	
10	68 × 3 =	
11	3 × 60 =	
12	3 × 89 =	
13	3 × 92 =	
14	3 × 16 =	

암산으로 계산하세요. (제한시간 5분)

1	25 × 3 =	
2	60 × 3 =	
3	84 × 3 =	
4	75 × 3 =	
5	42 × 3 =	
6	36 × 3 =	
7	59 × 3 =	
8	97 × 3 =	
9	15 × 3 =	
10	64 × 3 =	
11	3 × 95 =	
12	3 × 60 =	
13	3 × 18 =	
14	3 × 79 =	

공부한 날    월   일

 주판으로 계산하세요. (제한시간 5분)

1	2	3	4	5
27	79	9	56	3
6	8	26	7	22
50	−2	68	71	4
73	9	5	3	36
5	85	39	−35	59

6	7	8	9	10
56	2	62	78	9
3	91	9	6	12
82	−20	45	4	68
7	3	8	−33	7
30	97	3	59	86

 암산으로 계산하세요. (제한시간 3분)

1	2	3	4	5	6	7
4	5	9	6	8	9	4
9	7	4	7	3	8	5
6	3	2	3	7	5	7
8	9	8	8	5	6	2
3	8	1	4	6	7	3

공부한 날   월   일

3단

3×1 =
3×2 =
3×3 =
3×4 =

```
      7  2
   ×     3
   ┌──┐┌──┐
   └──┘└──┘
 ┌──┐┌──┐
 └──┘└──┘
 ┌────────┐
 └────────┘
```

```
         3
   ×  1  6
   ┌──┐┌──┐
   └──┘└──┘
 ┌──┐┌──┐
 └──┘└──┘
 ┌────────┐
 └────────┘
```

3×5 =
3×6 =
3×7 =
3×8 =
3×9 =

 주판으로 계산하세요. (제한시간 5분)

1	86 × 3 =		
2	59 × 3 =		
3	40 × 3 =		
4	13 × 3 =		
5	67 × 3 =		
6	58 × 3 =		
7	75 × 3 =		
8	91 × 3 =		
9	36 × 3 =		
10	87 × 3 =		
11	3 × 72 =		
12	3 × 16 =		
13	3 × 50 =		
14	3 × 71 =		

암산으로 계산하세요. (제한시간 5분)

1	57 × 3 =		
2	89 × 3 =		
3	48 × 3 =		
4	70 × 3 =		
5	26 × 3 =		
6	83 × 3 =		
7	65 × 3 =		
8	92 × 3 =		
9	18 × 3 =		
10	43 × 3 =		
11	3 × 51 =		
12	3 × 69 =		
13	3 × 47 =		
14	3 × 30 =		

 50 만들기에 주의하여 주판으로 계산하세요.

주판으로 계산하세요. (제한시간 5분)

1	2	3	4	5
24	38	45	36	38
5	6	8	16	6
8	5	22	7	1
6	7	7	−58	9
9	8	4	9	25

6	7	8	9	10
6	14	25	36	78
18	5	29	7	6
2	26	−51	8	−52
19	7	8	16	5
8	29	4	4	17

 암산으로 계산하세요. (제한시간 3분)

1	2	3	4	5	6	7
5	9	4	7	2	8	3
9	8	1	8	9	1	8
4	5	9	4	8	2	4
7	6	3	6	6	4	5
2	7	8	5	3	3	9

공부한 날

월   일

3단

3 × 1 =
3 × 2 =
3 × 3 =
3 × 4 =

$$\begin{array}{r} 9\ 1 \\ \times\qquad 3 \\ \hline \end{array}$$

$$\begin{array}{r} 3 \\ \times\ 8\ 5 \\ \hline \end{array}$$

3 × 5 =
3 × 6 =
3 × 7 =
3 × 8 =
3 × 9 =

 주판으로 계산하세요. (제한시간 5분)

1	49 × 3 =		
2	81 × 3 =		
3	34 × 3 =		
4	78 × 3 =		
5	40 × 3 =		
6	65 × 3 =		
7	96 × 3 =		
8	15 × 3 =		
9	23 × 3 =		
10	57 × 3 =		
11	3 × 90 =		
12	3 × 85 =		
13	3 × 67 =		
14	3 × 48 =		

암산으로 계산하세요. (제한시간 5분)

1	75 × 3 =		
2	53 × 3 =		
3	12 × 3 =		
4	77 × 3 =		
5	86 × 3 =		
6	90 × 3 =		
7	38 × 3 =		
8	63 × 3 =		
9	21 × 3 =		
10	46 × 3 =		
11	3 × 61 =		
12	3 × 40 =		
13	3 × 27 =		
14	3 × 36 =		

공부한 날   월   일

 50 만들기에 주의하여 주판으로 계산하세요.

주판으로 계산하세요. (제한시간 5분)

1	2	3	4	5
35	78	87	19	8
9	−55	−62	21	33
7	19	9	7	5
14	8	16	7	7
28	32	45	12	26

6	7	8	9	10
15	25	96	15	25
23	14	−75	39	26
4	−6	8	−1	4
9	15	19	3	3
13	8	4	6	55

 암산으로 계산하세요. (제한시간 3분)

1	2	3	4	5	6	7
4	6	5	6	7	8	2
6	7	3	8	3	7	6
8	3	7	2	5	2	6
7	5	6	4	2	4	3
1	8	7	5	9	6	8

3단		3×5 =

3단

3×1 =
3×2 =
3×3 =
3×4 =

$$\begin{array}{r} 6\ 8 \\ \times\quad 3 \\ \hline \end{array}$$

$$\begin{array}{r} 3 \\ \times\ 4\ 3 \\ \hline \end{array}$$

3×5 =
3×6 =
3×7 =
3×8 =
3×9 =

 주판으로 계산하세요. (제한시간 5분)

1	62 × 3 =	
2	14 × 3 =	
3	37 × 3 =	
4	92 × 3 =	
5	73 × 3 =	
6	59 × 3 =	
7	60 × 3 =	
8	29 × 3 =	
9	64 × 3 =	
10	47 × 3 =	
11	3 × 68 =	
12	3 × 43 =	
13	3 × 90 =	
14	3 × 18 =	

 암산으로 계산하세요. (제한시간 5분)

1	82 × 3 =		
2	25 × 3 =		
3	72 × 3 =		
4	39 × 3 =		
5	46 × 3 =		
6	85 × 3 =		
7	97 × 3 =		
8	80 × 3 =		
9	16 × 3 =		
10	49 × 3 =		
11	3 × 69 =		
12	3 × 24 =		
13	3 × 55 =		
14	3 × 80 =		

 50 만들기에 주의하여 주판으로 계산하세요.

주판으로 계산하세요. (제한시간 5분)

1	2	3	4	5
39	4	79	29	19
15	29	8	1	36
8	18	-51	8	24
29	26	19	-15	-56
-11	7	3	27	8

6	7	8	9	10
15	87	5	8	38
16	-56	49	45	17
19	19	21	22	4
8	5	19	9	13
34	4	3	7	9

 암산으로 계산하세요. (제한시간 3분)

1	2	3	4	5	6	7
9	5	4	5	1	3	7
4	1	9	9	6	6	9
3	6	5	4	7	4	6
8	4	6	8	3	3	2
6	7	2	6	5	8	7

공부한 날   월   일

2×9 =	2×7 =	3×5 =	3×8 =
2×4 =	2×2 =	3×6 =	3×1 =
2×6 =	2×8 =	3×4 =	3×0 =
2×3 =	2×1 =	3×9 =	3×3 =
2×0 =	2×5 =	3×2 =	3×7 =

 주판으로 계산하세요. (제한시간 5분)

1	73 × 2 =
2	21 × 3 =
3	97 × 2 =
4	82 × 3 =
5	14 × 2 =
6	38 × 3 =
7	65 × 2 =
8	19 × 3 =
9	40 × 2 =
10	29 × 3 =
11	2 × 64 =
12	3 × 25 =
13	2 × 32 =
14	3 × 94 =

 암산으로 계산하세요. (제한시간 5분)

1	90 × 2 =
2	24 × 3 =
3	15 × 2 =
4	63 × 3 =
5	47 × 2 =
6	84 × 3 =
7	91 × 2 =
8	68 × 3 =
9	39 × 2 =
10	26 × 3 =
11	2 × 70 =
12	3 × 45 =
13	2 × 13 =
14	3 × 27 =

월   일

100 만들기에 주의하여 주판으로 계산하세요.

주판으로 계산하세요. (제한시간 5분)

1	2	3	4	5
26	7	25	95	88
8	36	29	−41	−35
51	2	6	2	9
9	54	35	43	35
7	3	8	5	7

6	7	8	9	10
5	75	2	55	38
74	9	15	45	66
6	−21	36	6	5
14	37	48	59	9
9	7	5	6	−16

암산으로 계산하세요. (제한시간 3분)

1	2	3	4	5	6	7
8	6	7	9	7	6	7
7	3	9	6	7	3	8
1	8	3	7	2	2	6
3	4	7	5	9	9	5
6	7	8	4	8	8	3

 2위 × 1위(2, 3단)

$2 \times 8 =$	$2 \times 9 =$
$2 \times 5 =$	$2 \times 2 =$
$2 \times 7 =$	$2 \times 6 =$
$2 \times 1 =$	$2 \times 0 =$
$2 \times 4 =$	$2 \times 3 =$

$3 \times 9 =$	$3 \times 1 =$
$3 \times 5 =$	$3 \times 4 =$
$3 \times 0 =$	$3 \times 8 =$
$3 \times 2 =$	$3 \times 6 =$
$3 \times 7 =$	$3 \times 3 =$

 주판으로 계산하세요. (제한시간 5분)

 암산으로 계산하세요. (제한시간 5분)

	주판	
1	$51 \times 2 =$	
2	$60 \times 3 =$	
3	$35 \times 2 =$	
4	$48 \times 3 =$	
5	$16 \times 2 =$	
6	$23 \times 3 =$	
7	$77 \times 2 =$	
8	$83 \times 3 =$	
9	$54 \times 2 =$	
10	$92 \times 3 =$	
11	$2 \times 67 =$	
12	$3 \times 80 =$	
13	$2 \times 36 =$	
14	$3 \times 43 =$	

	암산	
1	$28 \times 2 =$	
2	$49 \times 3 =$	
3	$70 \times 2 =$	
4	$93 \times 3 =$	
5	$52 \times 2 =$	
6	$79 \times 3 =$	
7	$94 \times 2 =$	
8	$87 \times 3 =$	
9	$31 \times 2 =$	
10	$57 \times 3 =$	
11	$2 \times 46 =$	
12	$3 \times 78 =$	
13	$2 \times 60 =$	
14	$3 \times 89 =$	

100 만들기에 주의하여 주판으로 계산하세요.

 주판으로 계산하세요. (제한시간 5분)

1	2	3	4	5
43	35	98	17	6
54	69	6	86	97
8	1	8	8	-2
94	88	95	4	99
5	7	5	88	5

6	7	8	9	10
37	79	5	68	59
69	24	12	-3	7
3	5	83	36	39
11	42	6	7	28
9	-50	2	12	5

 암산으로 계산하세요. (제한시간 3분)

1	2	3	4	5	6	7
8	5	9	5	9	4	9
3	7	4	7	3	7	9
6	3	3	3	8	8	8
5	2	6	9	7	6	5
9	9	5	4	5	3	6

공부한 날   월   일

4단

4×1 =
4×2 =
4×3 =
4×4 =

$$\begin{array}{r} 6\ 3 \\ \times\quad 4 \\ \hline \end{array}$$

$$\begin{array}{r} 4 \\ \times\ 8\ 9 \\ \hline \end{array}$$

4×5 =
4×6 =
4×7 =
4×8 =
4×9 =

 주판으로 계산하세요. (제한시간 5분)

1	81 × 4 =	
2	43 × 4 =	
3	76 × 4 =	
4	50 × 4 =	
5	62 × 4 =	
6	17 × 4 =	
7	94 × 4 =	
8	29 × 4 =	
9	35 × 4 =	
10	68 × 4 =	
11	4 × 63 =	
12	4 × 89 =	
13	4 × 92 =	
14	4 × 10 =	

 암산으로 계산하세요. (제한시간 5분)

1	25 × 4 =	
2	78 × 4 =	
3	45 × 4 =	
4	96 × 4 =	
5	40 × 4 =	
6	36 × 4 =	
7	59 × 4 =	
8	97 × 4 =	
9	13 × 4 =	
10	64 × 4 =	
11	4 × 95 =	
12	4 × 69 =	
13	4 × 18 =	
14	4 × 28 =	

 100 만들기에 주의하여 주판으로 계산하세요.

주판으로 계산하세요. (제한시간 5분)

1	2	3	4	5
53	16	8	47	37
86	88	79	−25	69
−9	−4	16	8	5
5	6	5	69	31
65	95	94	4	9

6	7	8	9	10
58	76	18	39	64
5	28	39	2	36
39	9	6	68	8
53	88	37	8	92
47	5	1	2	7

 암산으로 계산하세요. (제한시간 3분)

1	2	3	4	5	6	7
8	8	6	4	5	8	4
3	6	8	7	4	3	2
6	2	5	8	3	7	9
5	4	7	6	9	2	8
9	5	4	9	8	5	3

 두 자리 수 × 한 자리 수(4단)

공부한 날   월   일

4단

$4 × 1 =$
$4 × 2 =$
$4 × 3 =$
$4 × 4 =$

	7	2
×		4

		4
×	1	6

$4 × 5 =$
$4 × 6 =$
$4 × 7 =$
$4 × 8 =$
$4 × 9 =$

주판으로 계산하세요. (제한시간 5분)

1	$86 × 4 =$	
2	$59 × 4 =$	
3	$46 × 4 =$	
4	$13 × 4 =$	
5	$62 × 4 =$	
6	$50 × 4 =$	
7	$75 × 4 =$	
8	$91 × 4 =$	
9	$36 × 4 =$	
10	$87 × 4 =$	
11	$4 × 70 =$	
12	$4 × 16 =$	
13	$4 × 54 =$	
14	$4 × 39 =$	

암산으로 계산하세요. (제한시간 5분)

1	$57 × 4 =$		
2	$29 × 4 =$		
3	$34 × 4 =$		
4	$73 × 4 =$		
5	$26 × 4 =$		
6	$83 × 4 =$		
7	$60 × 4 =$		
8	$92 × 4 =$		
9	$18 × 4 =$		
10	$43 × 4 =$		
11	$4 × 51 =$		
12	$4 × 60 =$		
13	$4 × 38 =$		
14	$4 × 47 =$		

5의 짝 계산 (5의 활용 계산) ➡ 뺄셈

➡ 1에서 4까지의 수를 더하거나 뺄 때 아래알이 부족하여 윗알을 사용하여야 할 경우를 **5의 짝 계산**이라고 한다.

5의 짝 (합이 5가 되기 위한 수)	4 + 1 3 + 2 (마주 보는 두 수가 서로 짝)
예제문제	**5의 짝 뺄셈(−)의 계산 방법**
9 − 2 − 4 ――― 3	① 주판상 1의 자리에 엄지와 검지로 9를 놓는다. ② 엄지로 2를 뺀다. ③ 주판상의 답 7 : 아래알 2에서는 4를 뺄 수 없으므로 이때는 윗알 5를 활용하게 되는데, 검지로 윗알 5와 엄지로 1(4보다 1을 더 뺀 수 : 4의 짝 1)을 동시에 한 동작으로 올려준다.(덧셈의 반대동작)

짝의 수 덧셈 예제문제 그림 설명

1. 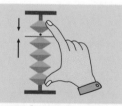 엄지와 검지로 9를 놓는다.
   답 : 9

2. 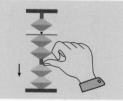 9에서 엄지로 2를 내린다.
   답 : 7

3. 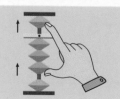 답 9에서는 4를 뺄 수 없으므로 검지는 윗알 5를, 엄지는 4의 짝 1을 동시에 올려준다.
   답 : 3

Tip. $\left(\begin{smallmatrix}5\\-1\end{smallmatrix}\right)$ $\left(\begin{smallmatrix}5\\-2\end{smallmatrix}\right)$ $\left(\begin{smallmatrix}5\\-3\end{smallmatrix}\right)$ $\left(\begin{smallmatrix}5\\-4\end{smallmatrix}\right)$ 운지 연습을 충분히 한 후 교재를 풉니다.

 주판으로 계산하세요. (제한시간 5분)

1	2	3	4	5
6	7	8	2	6
2	−6	−7	6	−4
−3	4	4	−7	5
−2	−3	−3	4	−4
6	6	6	−3	1

6	7	8	9	10
5	6	3	1	2
−2	3	2	7	6
6	−4	−4	−3	−3
−4	−2	7	−4	−4
−3	6	−4	7	4

11	12	13	14	15
5	9	6	5	3
3	−2	−5	−1	2
−6	−6	4	2	−4
3	4	−3	−3	7
−4	−3	7	4	−4

두 자리 수 × 한 자리 수(4단)

공부한 날   월   일

4단

4×1 =
4×2 =
4×3 =
4×4 =

```
    9 1
 ×    4
```

```
      4
 ×  8 0
```

4×5 =
4×6 =
4×7 =
4×8 =
4×9 =

 주판으로 계산하세요. (제한시간 5분)

1	49 × 4 =	
2	81 × 4 =	
3	34 × 4 =	
4	78 × 4 =	
5	42 × 4 =	
6	65 × 4 =	
7	96 × 4 =	
8	10 × 4 =	
9	23 × 4 =	
10	57 × 4 =	
11	4 × 91 =	
12	4 × 85 =	
13	4 × 67 =	
14	4 × 48 =	

 암산으로 계산하세요. (제한시간 5분)

1	75 × 4 =		
2	53 × 4 =		
3	12 × 4 =		
4	77 × 4 =		
5	86 × 4 =		
6	95 × 4 =		
7	38 × 4 =		
8	63 × 4 =		
9	28 × 4 =		
10	46 × 4 =		
11	4 × 61 =		
12	4 × 45 =		
13	4 × 20 =		
14	4 × 36 =		

 주판으로 계산하세요. (제한시간 5분)

1	2	3	4	5
8	8	5	1	6
−4	−2	−3	4	−3
2	−3	6	−4	3
−3	4	−1	5	−4
6	−6	2	−2	4

6	7	8	9	10
9	8	7	9	9
−4	−3	−4	−4	−3
−3	−4	3	−3	−4
4	4	−5	4	4
−2	−2	4	3	−2

11	12	13	14	15
5	4	6	6	3
−4	2	−3	−3	2
5	−1	5	4	−4
−3	−1	−4	−3	5
2	2	3	1	−2

두 자리 수 × 한 자리 수 (4단)

공부한 날   월   일

4단

$4 \times 1 =$
$4 \times 2 =$
$4 \times 3 =$
$4 \times 4 =$

$$\begin{array}{r} 6\ 8 \\ \times \quad 4 \\ \hline \end{array}$$

$$\begin{array}{r} 4 \\ \times\ 4\ 3 \\ \hline \end{array}$$

$4 \times 5 =$
$4 \times 6 =$
$4 \times 7 =$
$4 \times 8 =$
$4 \times 9 =$

 주판으로 계산하세요. (제한시간 5분)

1	$62 \times 4 =$
2	$14 \times 4 =$
3	$37 \times 4 =$
4	$92 \times 4 =$
5	$73 \times 4 =$
6	$59 \times 4 =$
7	$75 \times 4 =$
8	$29 \times 4 =$
9	$60 \times 4 =$
10	$47 \times 4 =$
11	$4 \times 68 =$
12	$4 \times 40 =$
13	$4 \times 94 =$
14	$4 \times 18 =$

 암산으로 계산하세요. (제한시간 5분)

1	$82 \times 4 =$
2	$25 \times 4 =$
3	$72 \times 4 =$
4	$39 \times 4 =$
5	$66 \times 4 =$
6	$85 \times 4 =$
7	$90 \times 4 =$
8	$81 \times 4 =$
9	$16 \times 4 =$
10	$49 \times 4 =$
11	$4 \times 69 =$
12	$4 \times 24 =$
13	$4 \times 52 =$
14	$4 \times 80 =$

 주판으로 계산하세요. (제한시간 5분)

1	2	3	4	5
8	8	5	7	1
−4	−2	−1	−3	4
2	−5	−3	5	−4
−4	4	4	−8	−1
3	−3	−1	6	3

6	7	8	9	10
7	8	8	1	7
−5	−2	−7	4	−3
3	−3	4	−4	2
−1	4	−1	5	−3
3	−6	2	−5	2

11	12	13	14	15
5	8	7	9	5
−2	−3	−3	−4	−1
2	−4	1	−3	−2
−4	4	−1	4	3
4	−3	3	1	−1

2위 × 1위(2, 3, 4단)

공부한 날   월   일

2×6 =	3×7 =	4×4 =	2×9 =
2×4 =	3×9 =	4×3 =	3×8 =
2×8 =	3×3 =	4×5 =	4×6 =
2×7 =	3×5 =	4×9 =	3×4 =
2×5 =	3×6 =	4×7 =	2×3 =

 주판으로 계산하세요. (제한시간 5분)

1	70 × 2 =	
2	21 × 3 =	
3	97 × 4 =	
4	82 × 2 =	
5	14 × 3 =	
6	38 × 4 =	
7	65 × 2 =	
8	19 × 3 =	
9	42 × 4 =	
10	29 × 2 =	
11	3 × 60 =	
12	4 × 25 =	
13	2 × 32 =	
14	3 × 94 =	

 암산으로 계산하세요. (제한시간 5분)

1	95 × 4 =		
2	20 × 2 =		
3	15 × 3 =		
4	52 × 4 =		
5	47 × 2 =		
6	84 × 3 =		
7	91 × 4 =		
8	68 × 2 =		
9	39 × 3 =		
10	26 × 4 =		
11	2 × 72 =		
12	3 × 40 =		
13	4 × 13 =		
14	2 × 95 =		

 주판으로 계산하세요. (제한시간 5분)

1	2	3	4	5
5	2	5	5	3
−3	4	3	−1	3
4	−3	−4	1	−2
−5	1	2	2	1
4	−2	−3	−3	−4

6	7	8	9	10
3	7	5	5	7
3	−5	−2	3	−4
−2	4	3	−4	2
4	−3	1	−3	−5
−5	2	−4	4	2

11	12	13	14	15
45	75	46	25	24
−11	−54	−22	32	41
23	38	43	−44	−23

2 × 9 =	3 × 5 =	4 × 3 =	2 × 6 =
2 × 7 =	3 × 7 =	4 × 7 =	3 × 6 =
2 × 5 =	3 × 4 =	4 × 9 =	4 × 4 =
2 × 4 =	3 × 9 =	4 × 6 =	3 × 3 =
2 × 3 =	3 × 8 =	4 × 5 =	2 × 2 =

 주판으로 계산하세요. (제한시간 5분)

1	51 × 2 =	
2	69 × 3 =	
3	30 × 4 =	
4	48 × 2 =	
5	16 × 3 =	
6	23 × 4 =	
7	76 × 2 =	
8	83 × 3 =	
9	54 × 4 =	
10	92 × 2 =	
11	3 × 67 =	
12	4 × 86 =	
13	2 × 29 =	
14	3 × 40 =	

 암산으로 계산하세요. (제한시간 5분)

1	28 × 4 =		
2	49 × 2 =		
3	75 × 3 =		
4	90 × 4 =		
5	52 × 2 =		
6	79 × 3 =		
7	26 × 4 =		
8	87 × 2 =		
9	31 × 3 =		
10	57 × 4 =		
11	2 × 46 =		
12	3 × 78 =		
13	4 × 62 =		
14	2 × 80 =		

 주판으로 계산하세요. (제한시간 5분)

1	2	3	4	5
32	37	12	95	12
64	-14	41	-71	43
-53	32	-12	42	-31

6	7	8	9	10
24	78	13	47	24
31	-47	64	21	51
-21	14	-53	-24	-34

11	12	13	14	15
23	37	26	88	25
31	-14	-14	-74	31
-21	23	23	31	-12

16	17	18	19	20
28	75	23	95	22
41	-42	13	-62	34
-37	23	-23	21	-15

5단

5×1 =
5×2 =
5×3 =
5×4 =

	1	7
×		5

		5
×	5	2

5×5 =
5×6 =
5×7 =
5×8 =
5×9 =

 주판으로 계산하세요. (제한시간 5분)

1	29 × 5 =		
2	43 × 5 =		
3	76 × 5 =		
4	54 × 5 =		
5	60 × 5 =		
6	17 × 5 =		
7	94 × 5 =		
8	81 × 5 =		
9	35 × 5 =		
10	68 × 5 =		
11	5 × 71 =		
12	5 × 89 =		
13	5 × 92 =		
14	5 × 16 =		

 암산으로 계산하세요. (제한시간 5분)

1	37 × 5 =		
2	24 × 5 =		
3	83 × 5 =		
4	42 × 5 =		
5	78 × 5 =		
6	30 × 5 =		
7	59 × 5 =		
8	97 × 5 =		
9	13 × 5 =		
10	64 × 5 =		
11	5 × 90 =		
12	5 × 69 =		
13	5 × 18 =		
14	5 × 63 =		

주판으로 계산하세요. (제한시간 5분)

1	2	3	4	5
43	85	38	74	43
13	−74	41	13	13
−11	42	−37	−43	−42

6	7	8	9	10
32	79	68	84	55
13	−45	−44	−43	−12
−12	34	33	12	24

11	12	13	14	15
13	85	12	78	72
22	−61	23	−14	14
−21	11	−14	22	−63

16	17	18	19	20
72	58	42	14	53
−31	−17	54	62	−12
14	42	−12	−54	47

5단

$5 \times 1 =$
$5 \times 2 =$
$5 \times 3 =$
$5 \times 4 =$

$$\begin{array}{r} 9\ 6 \\ \times\ \ \ \ 5 \\ \hline \end{array}$$

$$\begin{array}{r} 5 \\ \times\ 8\ 3 \\ \hline \end{array}$$

$5 \times 5 =$
$5 \times 6 =$
$5 \times 7 =$
$5 \times 8 =$
$5 \times 9 =$

 주판으로 계산하세요. (제한시간 5분)

1	$62 \times 5 =$
2	$59 \times 5 =$
3	$46 \times 5 =$
4	$13 \times 5 =$
5	$86 \times 5 =$
6	$53 \times 5 =$
7	$70 \times 5 =$
8	$91 \times 5 =$
9	$36 \times 5 =$
10	$87 \times 5 =$
11	$5 \times 72 =$
12	$5 \times 10 =$
13	$5 \times 54 =$
14	$5 \times 39 =$

 암산으로 계산하세요. (제한시간 5분)

1	$73 \times 5 =$
2	$58 \times 5 =$
3	$34 \times 5 =$
4	$57 \times 5 =$
5	$28 \times 5 =$
6	$83 \times 5 =$
7	$65 \times 5 =$
8	$90 \times 5 =$
9	$18 \times 5 =$
10	$43 \times 5 =$
11	$5 \times 51 =$
12	$5 \times 69 =$
13	$5 \times 30 =$
14	$5 \times 56 =$

주판으로 계산하세요. (제한시간 5분)

1	2	3	4	5
62	87	43	85	55
14	-34	13	-42	-12
-24	32	-12	12	13

6	7	8	9	10
35	57	23	85	25
23	-14	33	-53	43
-14	13	-42	14	-34

11	12	13	14	15
26	86	23	42	37
-12	-74	42	25	-24
51	33	-13	-43	82

16	17	18	19	20
25	75	31	57	53
43	-41	34	-25	-21
-44	21	-21	24	32

두 자리 수 × 한 자리 수(5단)

 공부한 날   월   일

5단

5×1 =
5×2 =
5×3 =
5×4 =

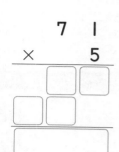

```
    7  1
  ×    5
```

```
       5
  ×  2  8
```

5×5 =
5×6 =
5×7 =
5×8 =
5×9 =

 주판으로 계산하세요. (제한시간 5분)

1	42 × 5 =	
2	81 × 5 =	
3	34 × 5 =	
4	78 × 5 =	
5	49 × 5 =	
6	65 × 5 =	
7	96 × 5 =	
8	15 × 5 =	
9	20 × 5 =	
10	57 × 5 =	
11	5 × 91 =	
12	5 × 85 =	
13	5 × 67 =	
14	5 × 40 =	

 암산으로 계산하세요. (제한시간 5분)

1	38 × 5 =		
2	53 × 5 =		
3	12 × 5 =		
4	43 × 5 =		
5	86 × 5 =		
6	95 × 5 =		
7	75 × 5 =		
8	63 × 5 =		
9	21 × 5 =		
10	40 × 5 =		
11	5 × 61 =		
12	5 × 45 =		
13	5 × 27 =		
14	5 × 36 =		

주판으로 계산하세요. (제한시간 5분)

1	2	3	4	5
55	87	52	86	65
−41	−54	14	−74	−51
62	22	−33	43	41
−31	−15	51	−12	−11

6	7	8	9	10
61	59	98	12	58
14	−14	−32	47	−44
−34	23	−33	−22	63
25	−32	24	−24	−35

11	12	13	14	15
82	35	25	37	85
14	23	43	−24	−53
−34	−14	−24	42	14
−41	24	−12	−12	−25

두 자리 수 × 한 자리 수(5단)

5단

$5 \times 1 =$
$5 \times 2 =$
$5 \times 3 =$
$5 \times 4 =$

$$\begin{array}{cc} & 9\ 2 \\ \times & 5 \end{array}$$

$$\begin{array}{cc} & 5 \\ \times\ 1 & 7 \end{array}$$

$5 \times 5 =$
$5 \times 6 =$
$5 \times 7 =$
$5 \times 8 =$
$5 \times 9 =$

 주판으로 계산하세요. (제한시간 5분)

1	$50 \times 5 =$	
2	$14 \times 5 =$	
3	$37 \times 5 =$	
4	$92 \times 5 =$	
5	$73 \times 5 =$	
6	$62 \times 5 =$	
7	$88 \times 5 =$	
8	$29 \times 5 =$	
9	$64 \times 5 =$	
10	$47 \times 5 =$	
11	$5 \times 60 =$	
12	$5 \times 43 =$	
13	$5 \times 94 =$	
14	$5 \times 18 =$	

 암산으로 계산하세요. (제한시간 5분)

1	$66 \times 5 =$		
2	$25 \times 5 =$		
3	$70 \times 5 =$		
4	$39 \times 5 =$		
5	$82 \times 5 =$		
6	$49 \times 5 =$		
7	$97 \times 5 =$		
8	$81 \times 5 =$		
9	$16 \times 5 =$		
10	$85 \times 5 =$		
11	$5 \times 69 =$		
12	$5 \times 24 =$		
13	$5 \times 55 =$		
14	$5 \times 80 =$		

 주판으로 계산하세요. (제한시간 5분)

1	2	3	4	5
95	31	31	23	25
−62	34	24	33	−11
13	−21	−11	−42	32
11	42	21	31	−14

6	7	8	9	10
78	87	58	59	95
13	−24	−14	−14	−71
−34	−52	42	31	−13
24	44	−53	−23	47

11	12	13	14	15
67	97	99	35	85
−23	−53	−33	−11	−23
32	25	−34	24	16
−43	−56	44	−32	−31

2위 × 1위(2, 3, 4, 5단)

공부한 날

월   일

3×8 =	4×9 =	5×4 =	2×8 =
3×4 =	4×2 =	5×6 =	3×6 =
3×9 =	4×6 =	5×9 =	4×7 =
3×7 =	4×8 =	5×3 =	5×7 =
3×5 =	4×5 =	5×8 =	2×9 =

 주판으로 계산하세요. (제한시간 5분)

1	38 × 2 =	
2	21 × 3 =	
3	97 × 4 =	
4	80 × 5 =	
5	14 × 2 =	
6	73 × 3 =	
7	65 × 4 =	
8	19 × 5 =	
9	42 × 2 =	
10	29 × 3 =	
11	4 × 64 =	
12	5 × 25 =	
13	2 × 32 =	
14	3 × 90 =	

 암산으로 계산하세요. (제한시간 5분)

1	15 × 2 =	
2	24 × 3 =	
3	95 × 4 =	
4	52 × 5 =	
5	40 × 2 =	
6	84 × 3 =	
7	91 × 4 =	
8	68 × 5 =	
9	39 × 2 =	
10	26 × 3 =	
11	4 × 72 =	
12	5 × 28 =	
13	2 × 13 =	
14	3 × 62 =	

 주판으로 계산하세요. (제한시간 5분)

1	2	3	4	5
57	75	25	64	57
−15	−41	43	−41	−14
24	23	−34	32	43
−13	−15	11	−23	−12

6	7	8	9	10
12	95	84	21	87
43	−42	−21	74	−43
−42	32	−32	−24	31
52	−24	45	−41	−51

11	12	13	14	15
24	55	54	79	55
43	−31	31	−48	−31
−44	62	−43	24	43
−13	−45	25	−21	−56

2위 × 1위 (2, 3, 4, 5단)

공부한 날   월   일

3×3 =	4×7 =	5×2 =	2×5 =
3×6 =	4×9 =	5×9 =	3×7 =
3×8 =	4×5 =	5×6 =	4×6 =
3×4 =	4×3 =	5×5 =	5×3 =
3×9 =	4×8 =	5×7 =	2×6 =

 주판으로 계산하세요. (제한시간 5분)

1	54 × 2 =		
2	69 × 3 =		
3	35 × 4 =		
4	48 × 5 =		
5	16 × 2 =		
6	20 × 3 =		
7	76 × 4 =		
8	83 × 5 =		
9	51 × 2 =		
10	92 × 3 =		
11	4 × 60 =		
12	5 × 86 =		
13	2 × 29 =		
14	3 × 43 =		

 암산으로 계산하세요. (제한시간 5분)

1	28 × 2 =		
2	31 × 3 =		
3	75 × 4 =		
4	93 × 5 =		
5	52 × 2 =		
6	79 × 3 =		
7	20 × 4 =		
8	87 × 5 =		
9	49 × 2 =		
10	57 × 3 =		
11	4 × 46 =		
12	5 × 70 =		
13	2 × 62 =		
14	3 × 98 =		

주판으로 계산하세요. (제한시간 5분)

1	2	3	4	5
85	78	87	98	59
−31	−42	−45	−64	−14
−42	−24	23	−14	−31
53	46	−31	33	64

6	7	8	9	10
72	42	67	43	73
22	23	−24	42	−31
−41	−51	13	−61	23
12	12	21	31	−31

11	12	13	14	15
58	65	45	86	57
−16	−31	23	−74	−14
25	63	−64	43	13
−14	−54	51	−12	12

 두 자리 수 × 한 자리 수(6단)

6단			
6×1 =			6×5 =
6×2 =			6×6 =
6×3 =			6×7 =
6×4 =			6×8 =
			6×9 =

```
    6  3              6
  ×    6          ×  8  9
  [ ][ ]          [ ][ ]
  [ ][ ]          [ ][ ]
  [    ]          [    ]
```

 주판으로 계산하세요. (제한시간 5분)

1	29 × 6 =	
2	43 × 6 =	
3	54 × 6 =	
4	62 × 6 =	
5	17 × 6 =	
6	94 × 6 =	
7	80 × 6 =	
8	35 × 6 =	
9	68 × 6 =	
10	48 × 6 =	
11	6 × 63 =	
12	6 × 89 =	
13	6 × 90 =	
14	6 × 16 =	

 암산으로 계산하세요. (제한시간 5분)

1	25 × 6 =	
2	34 × 6 =	
3	88 × 6 =	
4	75 × 6 =	
5	42 × 6 =	
6	36 × 6 =	
7	59 × 6 =	
8	97 × 6 =	
9	10 × 6 =	
10	64 × 6 =	
11	6 × 95 =	
12	6 × 18 =	
13	6 × 69 =	
14	6 × 30 =	

 주판으로 계산하세요. (제한시간 5분)

1	2	3	4	5
31	57	53	25	75
34	−25	−21	43	−41
−21	24	32	−44	21
42	−13	11	−13	−31

6	7	8	9	10
35	76	65	95	87
42	−33	−43	−41	−24
−25	42	67	−12	−51
34	−11	−56	21	63

 암산으로 계산하세요. (제한시간 3분)

1	2	3	4	5	6	7
4	6	7	9	2	7	6
3	4	3	4	3	5	9
2	9	6	6	9	8	7
7	5	5	8	6	9	8
9	8	4	2	4	2	3

두 자리 수 × 한 자리 수(6단)

공부한 날
월   일

6단

6×1 =
6×2 =
6×3 =
6×4 =

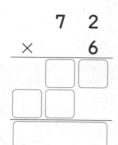

7 2
×   6
[ ][ ]
[ ][ ]
[   ]

6
× 1 6
[ ][ ]
[ ][ ]
[   ]

6×5 =
6×6 =
6×7 =
6×8 =
6×9 =

 주판으로 계산하세요. (제한시간 5분)

1	62 × 6 =	
2	59 × 6 =	
3	37 × 6 =	
4	13 × 6 =	
5	86 × 6 =	
6	58 × 6 =	
7	75 × 6 =	
8	91 × 6 =	
9	36 × 6 =	
10	80 × 6 =	
11	6 × 72 =	
12	6 × 16 =	
13	6 × 54 =	
14	6 × 39 =	

 암산으로 계산하세요. (제한시간 5분)

1	70 × 6 =		
2	52 × 6 =		
3	46 × 6 =		
4	57 × 6 =		
5	28 × 6 =		
6	83 × 6 =		
7	65 × 6 =		
8	92 × 6 =		
9	18 × 6 =		
10	43 × 6 =		
11	6 × 50 =		
12	6 × 69 =		
13	6 × 38 =		
14	6 × 47 =		

 주판으로 계산하세요. (제한시간 5분)

1	2	3	4	5
55 −31 61 −44	87 −14 −52 34	77 −35 23 −31	86 −42 −13 34	67 −34 42 −51

6	7	8	9	10
75 −35 48 −54	95 −41 21 −43	51 43 −31 52	68 −25 13 −42	58 −34 51 −31

 암산으로 계산하세요. (제한시간 3분)

1	2	3	4	5	6	7
2 9 5 4 8	8 7 9 6 5	4 2 9 6 8	6 7 5 9 8	3 9 6 8 4	9 4 8 5 6	7 5 6 9 8

두 자리 수 × 한 자리 수(6단)

공부한 날   월   일

6단		
6×1 =		6×5 =
6×2 =		6×6 =
6×3 =		6×7 =
6×4 =		6×8 =
		6×9 =

```
      9 1
  ×     6
```

```
        6
  ×   8 0
```

 주판으로 계산하세요. (제한시간 5분)

1	42 × 6 =	
2	80 × 6 =	
3	34 × 6 =	
4	78 × 6 =	
5	49 × 6 =	
6	65 × 6 =	
7	96 × 6 =	
8	15 × 6 =	
9	23 × 6 =	
10	57 × 6 =	
11	6 × 91 =	
12	6 × 80 =	
13	6 × 67 =	
14	6 × 48 =	

 암산으로 계산하세요. (제한시간 5분)

1	38 × 6 =	
2	53 × 6 =	
3	10 × 6 =	
4	77 × 6 =	
5	86 × 6 =	
6	95 × 6 =	
7	75 × 6 =	
8	63 × 6 =	
9	21 × 6 =	
10	46 × 6 =	
11	6 × 61 =	
12	6 × 45 =	
13	6 × 20 =	
14	6 × 36 =	

공부한 날

월   일

주판으로 계산하세요. (제한시간 5분)

1	2	3	4	5
22	11	79	36	35
23	34	−66	21	22
14	−13	32	−12	−32
−23	21	14	57	68

6	7	8	9	10
13	52	68	86	76
42	34	−41	−53	−24
−11	−24	32	42	43
21	12	−14	−12	−31

암산으로 계산하세요. (제한시간 3분)

1	2	3	4	5	6	7
6	4	9	8	8	4	8
−2	1	−6	−7	9	1	−4
7	−3	2	4	−4	−2	2
4	1	−1	−1	2	6	−3
−2	−2	2	1	3	−3	1

두 자리 수 × 한 자리 수(6단)

공부한 날   월   일

6단

6×1 =
6×2 =
6×3 =
6×4 =

		6	8
×			6

			6
×		4	3

6×5 =
6×6 =
6×7 =
6×8 =
6×9 =

 주판으로 계산하세요. (제한시간 5분)

1	59 × 6 =
2	14 × 6 =
3	37 × 6 =
4	90 × 6 =
5	73 × 6 =
6	62 × 6 =
7	88 × 6 =
8	29 × 6 =
9	64 × 6 =
10	47 × 6 =
11	6 × 68 =
12	6 × 43 =
13	6 × 89 =
14	6 × 10 =

 암산으로 계산하세요. (제한시간 5분)

1	16 × 6 =
2	25 × 6 =
3	72 × 6 =
4	39 × 6 =
5	80 × 6 =
6	49 × 6 =
7	97 × 6 =
8	81 × 6 =
9	67 × 6 =
10	85 × 6 =
11	6 × 69 =
12	6 × 24 =
13	6 × 93 =
14	6 × 87 =

주판으로 계산하세요. (제한시간 5분)

1	2	3	4	5
22	21	79	36	35
23	34	−46	21	−11
−14	−13	32	−14	32
28	21	14	12	−13

6	7	8	9	10
75	75	52	68	75
−51	−41	34	−47	−41
42	23	−12	35	13
−31	−16	21	−12	12

암산으로 계산하세요. (제한시간 3분)

1	2	3	4	5	6	7
6	7	8	1	8	8	9
−3	−4	−2	4	7	−4	5
4	3	−3	−3	−2	−1	1
−4	−3	4	4	−3	3	−2
5	6	1	−2	4	1	3

2위 × 1위(2, 3, 4, 5, 6단)

공부한 날   월   일

3×3 =	5×3 =	6×6 =	2×7 =
3×6 =	5×8 =	6×2 =	3×8 =
3×8 =	5×5 =	6×8 =	4×4 =
3×4 =	5×7 =	6×7 =	5×6 =
3×9 =	5×4 =	6×4 =	6×9 =

 주판으로 계산하세요. (제한시간 5분)

1	38 × 2 =	
2	21 × 3 =	
3	97 × 4 =	
4	82 × 5 =	
5	14 × 6 =	
6	70 × 2 =	
7	65 × 3 =	
8	19 × 4 =	
9	42 × 5 =	
10	29 × 6 =	
11	2 × 60 =	
12	3 × 25 =	
13	4 × 78 =	
14	5 × 94 =	

 암산으로 계산하세요. (제한시간 5분)

1	15 × 2 =	
2	24 × 3 =	
3	95 × 4 =	
4	52 × 5 =	
5	47 × 6 =	
6	84 × 2 =	
7	90 × 3 =	
8	68 × 4 =	
9	39 × 5 =	
10	26 × 6 =	
11	2 × 72 =	
12	3 × 80 =	
13	4 × 13 =	
14	5 × 87 =	

주판으로 계산하세요. (제한시간 5분)

1	2	3	4	5
58	97	78	85	95
−13	−34	−35	−41	−41
42	−51	23	−13	−13
−43	45	−32	24	25

6	7	8	9	10
42	89	58	73	98
13	−27	21	12	−77
21	12	−56	−65	43
−15	21	33	36	11

암산으로 계산하세요. (제한시간 3분)

1	2	3	4	5	6	7
8	9	8	9	9	8	7
−6	−4	−4	−3	−5	−4	−4
−1	−1	1	−4	1	−1	2
4	3	−3	3	−1	3	−3
3	1	5	2	2	1	5

2위 × 1위(2, 3, 4, 5, 6단)

4 × 6 =	5 × 8 =	6 × 4 =	2 × 8 =
4 × 9 =	5 × 3 =	6 × 7 =	3 × 7 =
4 × 2 =	5 × 7 =	6 × 9 =	4 × 5 =
4 × 7 =	5 × 5 =	6 × 3 =	5 × 6 =
4 × 4 =	5 × 9 =	6 × 6 =	6 × 8 =

 주판으로 계산하세요. (제한시간 5분)

1	54 × 2 =	
2	69 × 3 =	
3	35 × 4 =	
4	48 × 5 =	
5	16 × 6 =	
6	23 × 2 =	
7	76 × 3 =	
8	80 × 4 =	
9	51 × 5 =	
10	92 × 6 =	
11	2 × 67 =	
12	3 × 86 =	
13	4 × 20 =	
14	5 × 43 =	

 암산으로 계산하세요. (제한시간 5분)

1	28 × 2 =		
2	31 × 3 =		
3	75 × 4 =		
4	93 × 5 =		
5	52 × 6 =		
6	79 × 2 =		
7	26 × 3 =		
8	87 × 4 =		
9	40 × 5 =		
10	57 × 6 =		
11	2 × 46 =		
12	3 × 78 =		
13	4 × 62 =		
14	5 × 80 =		

공부한 날

월   일

주판으로 계산하세요. (제한시간 5분)

1	2	3	4	5
37	37	68	84	21
22	−15	−16	12	44
−47	64	33	−65	−61
63	−12	−42	34	32

6	7	8	9	10
32	97	22	74	32
24	−72	41	−43	64
−52	41	−12	23	−55
61	12	36	12	16

암산으로 계산하세요. (제한시간 3분)

1	2	3	4	5	6	7
6	8	9	7	6	8	6
−3	−4	−4	−3	−2	−1	3
4	−1	−1	2	2	−4	−2
−4	3	2	−3	−3	3	−3
8	−3	9	8	7	5	4

정 답 지

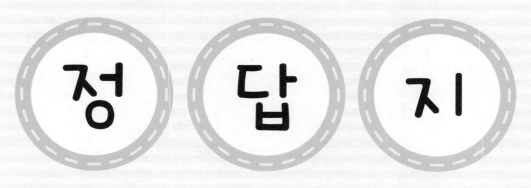

<table>
<tr><td>×</td><td>0</td><td>1</td><td>2</td><td>3</td><td>4</td><td>5</td><td>6</td><td>7</td><td>8</td><td>9</td></tr>
<tr><td>2</td><td>00</td><td>02</td><td>04</td><td>06</td><td>08</td><td>10</td><td>12</td><td>14</td><td>16</td><td>18</td></tr>
</table>

3쪽

×	0	1	2	3	4	5	6	7	8	9
2	00	02	04	06	08	10	12	14	16	18

×	3	5	1	0	8	9	7	6	4	2
4	12	20	04	00	32	36	28	24	16	08

×	7	2	9	8	3	4	1	6	0	5
6	42	12	54	48	18	24	06	36	00	30

×	3	2	8	5	4	7	9	0	1	6
8	24	16	64	40	32	56	72	00	08	48

×	4	2	8	9	5	7	6	1	0	3
5	20	10	40	45	25	35	30	05	00	15

×	6	0	9	2	7	8	3	4	1	5
3	18	00	27	06	21	24	09	12	03	15

×	3	6	7	0	2	8	5	1	4	9
7	21	42	49	00	14	56	35	07	28	63

×	4	3	2	8	1	9	0	6	7	5
9	36	27	18	72	09	81	00	54	63	45

5쪽

1 20+6=26
2 80+4=84 / 2
3 140+2=142 / 4
4 160+6=166 / 6
5 100+8=108 / 8
6 140+8=148 / 10
7 140+18=158 / 12
8 100+16=116 / 14
9 120+0=120 / 16
10 60+18=78 / 18
11 120+14=134
12 40+16=56 / 20
13 60+12=72 / 40
14 20+18=38 / 60
15 160+8=168 / 80
16 80+16=96 / 100
17 100+10=110 / 120
18 160+14=174 / 140

6쪽

1 174	2 138	3 192	4 156	5 116
6 118	7 130	8 190	9 128	10 146
11 164	12 182			

1 30	2 50	3 70	4 90	5 76
6 98	7 74	8 56	9 22	10 44
11 66	12 88			

7쪽

1 127	2 131	3 127	4 93	5 135
6 131	7 119	8 137	9 104	10 167

1 31	2 27	3 20	4 24	5 29
6 30	7 18			

8쪽

```
2단          5 7          2       2×5=10
2×1=2      ×   2      ×  4 6     2×6=12
2×2=4     ―――――     ―――――    2×7=14
2×3=6        1 4          1 2     2×8=16
2×4=8      1 0            8       2×9=18
          ―――――     ―――――
            1 1 4          9 2
```

1 48	2 100	3 92	4 186	5 124
6 116	7 150	8 182	9 72	10 174
11 140	12 32	13 108	14 78	

1 146	2 112	3 180	4 114	5 166
6 74	7 130	8 184	9 36	10 156
11 104	12 120	13 76	14 94	

9쪽

1 140	2 165	3 133	4 63	5 156
6 167	7 169	8 181	9 150	10 182

1 21	2 29	3 23	4 26	5 27
6 27	7 23			

10쪽

```
2단          4 8          2       2×5=10
2×1=2      ×   2      ×  1 9     2×6=12
2×2=4     ―――――     ―――――    2×7=14
2×3=6        1 6          1 8     2×8=16
2×4=8        8            2       2×9=18
          ―――――     ―――――
            9 6            3 8
```

1 114	2 162	3 68	4 140	5 84
6 130	7 192	8 30	9 152	10 108
11 182	12 160	13 52	14 96	

1 92	2 106	3 150	4 190	5 160
6 154	7 76	8 126	9 98	10 74
11 122	12 90	13 20	14 72	

11쪽

1 181	2 27	3 241	4 148	5 208
6 155	7 112	8 99	9 156	10 198

1 27	2 28	3 26	4 24	5 28
6 26	7 29			

주판으로 배우는 암산 수학
매직셈

12쪽

2단
2×1=2
2×2=4
2×3=6
2×4=8

```
    6 0
  ×   2
  ------
      0
  1 2
  ------
  1 2 0
```

```
        2
  × 8 9
  ------
      1 8
  1 6
  ------
  1 7 8
```

2×5=10
2×6=12
2×7=14
2×8=16
2×9=18

1 124	2 178	3 74	4 184	5 146
6 100	7 30	8 58	9 128	10 94
11 102	12 86	13 188	14 20	

1 78	2 50	3 144	4 164	5 132
6 170	7 180	8 162	9 32	10 98
11 138	12 116	13 186	14 174	

13쪽

1 62	2 115	3 68	4 136	5 117
6 213	7 119	8 162	9 84	10 193

1 26	2 27	3 27	4 17	5 32
6 29	7 27			

14쪽

3단
3×1=3
3×2=6
3×3=9
3×4=12

```
    6 3
  ×   3
  ------
      9
  1 8
  ------
  1 8 9
```

```
        3
  × 8 9
  ------
      2 7
  2 4
  ------
  2 6 7
```

3×5=15
3×6=18
3×7=21
3×8=24
3×9=27

1 240	2 129	3 228	4 162	5 186
6 51	7 282	8 87	9 105	10 204
11 180	12 267	13 276	14 48	

1 75	2 180	3 252	4 225	5 126
6 108	7 177	8 291	9 45	10 192
11 285	12 180	13 54	14 237	

15쪽

1 161	2 179	3 147	4 102	5 124
6 178	7 173	8 127	9 114	10 182

1 30	2 32	3 24	4 28	5 29
6 35	7 21			

16쪽

3단
3×1=3
3×2=6
3×3=9
3×4=12

```
    7 2
  ×   3
  ------
      6
  2 1
  ------
  2 1 6
```

```
        3
  × 1 6
  ------
      1 8
  3
  ------
  4 8
```

3×5=15
3×6=18
3×7=21
3×8=24
3×9=27

1 258	2 177	3 120	4 39	5 201
6 174	7 225	8 273	9 108	10 261
11 216	12 48	13 150	14 213	

1 171	2 267	3 144	4 210	5 78
6 249	7 195	8 276	9 54	10 129
11 153	12 207	13 141	14 90	

17쪽

1 52	2 64	3 86	4 10	5 79
6 53	7 81	8 15	9 71	10 54

1 27	2 35	3 25	4 30	5 28
6 18	7 29			

18쪽

3단
3×1=3
3×2=6
3×3=9
3×4=12

```
    9 1
  ×   3
  ------
      3
  2 7
  ------
  2 7 3
```

```
        3
  × 8 5
  ------
      1 5
  2 4
  ------
  2 5 5
```

3×5=15
3×6=18
3×7=21
3×8=24
3×9=27

1 147	2 243	3 102	4 234	5 120
6 195	7 288	8 45	9 69	10 171
11 270	12 255	13 201	14 144	

1 225	2 159	3 36	4 231	5 258
6 270	7 114	8 189	9 63	10 138
11 183	12 120	13 81	14 108	

19쪽

1 93	2 82	3 95	4 66	5 79
6 64	7 56	8 52	9 62	10 113

1 26	2 29	3 28	4 25	5 26
6 27	7 25			

3단
3×1=3
3×2=6
3×3=9
3×4=12

$$\begin{array}{r} 6\,8 \\ \times\quad 3 \\ \hline 2\,4 \\ 1\,8 \\ \hline 2\,0\,4 \end{array} \qquad \begin{array}{r} 3 \\ \times\,4\,3 \\ \hline 9 \\ 1\,2 \\ \hline 1\,2\,9 \end{array}$$

3×5=15
3×6=18
3×7=21
3×8=24
3×9=27

1 186	2 42	3 111	4 276	5 219
6 177	7 180	8 87	9 192	10 141
11 204	12 129	13 270	14 54	

1 246	2 75	3 216	4 117	5 138
6 255	7 291	8 240	9 48	10 147
11 207	12 72	13 165	14 240	

| 1 80 | 2 84 | 3 58 | 4 50 | 5 31 |
| 6 92 | 7 59 | 8 97 | 9 91 | 10 81 |

| 1 30 | 2 23 | 3 26 | 4 32 | 5 22 |
| 6 24 | 7 31 | | | |

2×9=18	2×7=14	3×5=15	3×8=24
2×4=8	2×2=4	3×6=18	3×1=3
2×6=12	2×8=16	3×4=12	3×0=0
2×3=6	2×1=2	3×9=27	3×3=9
2×0=0	2×5=10	3×2=6	3×7=21

1 146	2 63	3 194	4 246	5 28
6 114	7 130	8 57	9 80	10 87
11 128	12 75	13 64	14 282	

1 180	2 72	3 30	4 189	5 94
6 252	7 182	8 204	9 78	10 78
11 140	12 135	13 26	14 81	

| 1 101 | 2 102 | 3 103 | 4 104 | 5 104 |
| 6 108 | 7 107 | 8 106 | 9 171 | 10 102 |

| 1 25 | 2 28 | 3 34 | 4 31 | 5 33 |
| 6 28 | 7 29 | | | |

2×8=16	2×9=18	3×9=27	3×1=3
2×5=10	2×2=4	3×5=15	3×4=12
2×7=14	2×6=12	3×0=0	3×8=24
2×1=2	2×0=0	3×2=6	3×6=18
2×4=8	2×3=6	3×7=21	3×3=9

1 102	2 180	3 70	4 144	5 32
6 69	7 154	8 249	9 108	10 276
11 134	12 240	13 72	14 129	

1 56	2 147	3 140	4 279	5 104
6 237	7 188	8 261	9 62	10 171
11 92	12 234	13 120	14 267	

| 1 204 | 2 200 | 3 212 | 4 203 | 5 205 |
| 6 129 | 7 100 | 8 108 | 9 120 | 10 138 |

| 1 31 | 2 26 | 3 27 | 4 28 | 5 32 |
| 6 28 | 7 37 | | | |

4단
4×1=4
4×2=8
4×3=12
4×4=16

$$\begin{array}{r} 6\,3 \\ \times\quad 4 \\ \hline 1\,2 \\ 2\,4 \\ \hline 2\,5\,2 \end{array} \qquad \begin{array}{r} 4 \\ \times\,8\,9 \\ \hline 3\,6 \\ 3\,2 \\ \hline 3\,5\,6 \end{array}$$

4×5=20
4×6=24
4×7=28
4×8=32
4×9=36

1 324	2 172	3 304	4 200	5 248
6 68	7 376	8 116	9 140	10 272
11 252	12 356	13 368	14 40	

1 100	2 312	3 180	4 384	5 160
6 144	7 236	8 388	9 52	10 256
11 380	12 276	13 72	14 112	

| 1 200 | 2 201 | 3 202 | 4 103 | 5 151 |
| 6 202 | 7 206 | 8 101 | 9 119 | 10 207 |

| 1 31 | 2 25 | 3 30 | 4 34 | 5 29 |
| 6 25 | 7 26 | | | |

28쪽

4단		7 2		4		4×5=20
4×1=4		× 4		× 1 6		4×6=24
4×2=8		8		2 4		4×7=28
4×3=12		2 8		4		4×8=32
4×4=16		2 8 8		6 4		4×9=36

1 344	2 236	3 184	4 52	5 248
6 200	7 300	8 364	9 144	10 348
11 280	12 64	13 216	14 156	

1 228	2 116	3 136	4 292	5 104
6 332	7 240	8 368	9 72	10 172
11 204	12 240	13 152	14 188	

30쪽

1 9	2 8	3 8	4 2	5 4
6 2	7 9	8 4	9 8	10 5
11 1	12 2	13 9	14 7	15 4

31쪽

4단		9 1		4		4×5=20
4×1=4		× 4		× 8 0		4×6=24
4×2=8		4		0		4×7=28
4×3=12		3 6		3 2		4×8=32
4×4=16		3 6 4		3 2 0		4×9=36

1 196	2 324	3 136	4 312	5 168
6 260	7 384	8 40	9 92	10 228
11 364	12 340	13 268	14 192	

1 300	2 212	3 48	4 308	5 344
6 380	7 152	8 252	9 112	10 184
11 244	12 180	13 80	14 144	

32쪽

1 9	2 1	3 9	4 4	5 6
6 4	7 3	8 5	9 9	10 4
11 5	12 6	13 7	14 5	15 4

33쪽

4단		6 8		4		4×5=20
4×1=4		× 4		× 4 3		4×6=24
4×2=8		3 2		1 2		4×7=28
4×3=12		2 4		1 6		4×8=32
4×4=16		2 7 2		1 7 2		4×9=36

1 248	2 56	3 148	4 368	5 292
6 236	7 300	8 116	9 240	10 188
11 272	12 160	13 376	14 72	

1 328	2 100	3 288	4 156	5 264
6 340	7 360	8 324	9 64	10 196
11 276	12 96	13 208	14 320	

34쪽

1 5	2 2	3 4	4 7	5 3
6 7	7 1	8 6	9 1	10 5
11 5	12 2	13 7	14 7	15 4

35쪽

2×6=12	3×7=21	4×4=16	2×9=18
2×4=8	3×9=27	4×3=12	3×8=24
2×8=16	3×3=9	4×5=20	4×6=24
2×7=14	3×5=15	4×9=36	3×4=12
2×5=10	3×6=18	4×7=28	2×3=6

1 140	2 63	3 388	4 164	5 42
6 152	7 130	8 57	9 168	10 58
11 180	12 100	13 64	14 282	

1 380	2 40	3 45	4 208	5 94
6 252	7 364	8 136	9 117	10 104
11 144	12 120	13 52	14 190	

36쪽

1 5	2 2	3 3	4 4	5 1
6 3	7 5	8 3	9 5	10 2
11 57	12 59	13 67	14 13	15 42

2×9=18	3×5=15	4×3=12	2×6=12
2×7=14	3×7=21	4×7=28	3×6=18
2×5=10	3×4=12	4×9=36	4×4=16
2×4=8	3×9=27	4×6=24	3×3=9
2×3=6	3×8=24	4×5=20	2×2=4

1 102	2 207	3 120	4 96	5 48
6 92	7 152	8 249	9 216	10 184
11 201	12 344	13 58	14 120	

1 112	2 98	3 225	4 360	5 104
6 237	7 104	8 174	9 93	10 228
11 92	12 234	13 248	14 160	

1 43	2 55	3 41	4 66	5 24
6 34	7 45	8 24	9 44	10 41
11 33	12 46	13 35	14 45	15 44
16 32	17 56	18 13	19 54	20 41

5단			
5×1=5	1 7	5	5×5=25
5×2=10	× 5	× 5 2	5×6=30
5×3=15	3 5	1 0	5×7=35
5×4=20	5	2 5	5×8=40
	8 5	2 6 0	5×9=45

1 145	2 215	3 380	4 270	5 300
6 85	7 470	8 405	9 175	10 340
11 355	12 445	13 460	14 80	

1 185	2 120	3 415	4 210	5 390
6 150	7 295	8 485	9 65	10 320
11 450	12 345	13 90	14 315	

1 45	2 53	3 42	4 44	5 14
6 33	7 68	8 57	9 53	10 67
11 14	12 35	13 21	14 86	15 23
16 55	17 83	18 84	19 22	20 88

5단			
5×1=5	9 6	5	5×5=25
5×2=10	× 5	× 8 3	5×6=30
5×3=15	3 0	1 5	5×7=35
5×4=20	4 5	4 0	5×8=40
	4 8 0	4 1 5	5×9=45

1 310	2 295	3 230	4 65	5 430
6 265	7 350	8 455	9 180	10 435
11 360	12 50	13 270	14 195	

1 365	2 290	3 170	4 285	5 140
6 415	7 325	8 450	9 90	10 215
11 255	12 345	13 150	14 280	

1 52	2 85	3 44	4 55	5 56
6 44	7 56	8 14	9 46	10 34
11 65	12 45	13 52	14 24	15 95
16 24	17 55	18 44	19 56	20 64

5단			
5×1=5	7 1	5	5×5=25
5×2=10	× 5	× 2 8	5×6=30
5×3=15	5	4 0	5×7=35
5×4=20	3 5	1 0	5×8=40
	3 5 5	1 4 0	5×9=45

1 210	2 405	3 170	4 390	5 245
6 325	7 480	8 75	9 100	10 285
11 455	12 425	13 335	14 200	

1 190	2 265	3 60	4 215	5 430
6 475	7 375	8 315	9 105	10 200
11 305	12 225	13 135	14 180	

1 45	2 40	3 84	4 43	5 44
6 66	7 36	8 57	9 13	10 42
11 21	12 68	13 32	14 43	15 21

45쪽

```
        5단              9 2              5        5×5=25
5×1=5           ×   5         ×  1 7      5×6=30
5×2=10          ─────         ──────      5×7=35
5×3=15            1 0             3 5      5×8=40
5×4=20          4 5               5        5×9=45
                ─────         ──────
                4 6 0             8 5
```

1 250   2 70   3 185   4 460   5 365
6 310   7 440   8 145   9 320   10 235
11 300   12 215   13 470   14 90

1 330   2 125   3 350   4 195   5 410
6 245   7 485   8 405   9 80   10 425
11 345   12 120   13 275   14 400

46쪽

1 57   2 86   3 65   4 45   5 32
6 81   7 55   8 33   9 53   10 58
11 33   12 13   13 76   14 16   15 47

47쪽

```
3×8=24   4×9=36   5×4=20   2×8=16
3×4=12   4×2=8    5×6=30   3×6=18
3×9=27   4×6=24   5×9=45   4×7=28
3×7=21   4×8=32   5×3=15   5×7=35
3×5=15   4×5=20   5×8=40   2×9=18
```

1 76   2 63   3 388   4 400   5 28
6 219   7 260   8 95   9 84   10 87
11 256   12 125   13 64   14 270

1 30   2 72   3 380   4 260   5 80
6 252   7 364   8 340   9 78   10 78
11 288   12 140   13 26   14 186

48쪽

1 53   2 42   3 45   4 32   5 74
6 65   7 61   8 76   9 30   10 24
11 10   12 41   13 67   14 34   15 11

49쪽

```
3×3=9    4×7=28   5×2=10   2×5=10
3×6=18   4×9=36   5×9=45   3×7=21
3×8=24   4×5=20   5×6=30   4×6=24
3×4=12   4×3=12   5×5=25   5×3=15
3×9=27   4×8=32   5×7=35   2×6=12
```

1 108   2 207   3 140   4 240   5 32
6 60   7 304   8 415   9 102   10 276
11 240   12 430   13 58   14 129

1 56   2 93   3 300   4 465   5 104
6 237   7 80   8 435   9 98   10 171
11 184   12 350   13 124   14 294

50쪽

1 65   2 58   3 34   4 53   5 78
6 65   7 26   8 77   9 55   10 34
11 53   12 43   13 55   14 43   15 68

51쪽

```
        6단              6 3              6        6×5=30
6×1=6           ×   6         ×  8 9      6×6=36
6×2=12          ─────         ──────      6×7=42
6×3=18            1 8             5 4      6×8=48
6×4=24          3 6             4 8        6×9=54
                ─────         ──────
                3 7 8             5 3 4
```

1 174   2 258   3 324   4 372   5 102
6 564   7 480   8 210   9 408   10 288
11 378   12 534   13 540   14 96

1 150   2 204   3 528   4 450   5 252
6 216   7 354   8 582   9 60   10 384
11 570   12 108   13 414   14 180

52쪽

1 86   2 43   3 75   4 11   5 24
6 86   7 74   8 33   9 63   10 75

1 25   2 32   3 25   4 29   5 24
6 31   7 33

53쪽

6단	7 2	6	6×5=30
6×1=6	× 6	× 1 6	6×6=36
6×2=12	1 2	3 6	6×7=42
6×3=18	4 2	6	6×8=48
6×4=24	4 3 2	9 6	6×9=54

1 372	2 354	3 222	4 78	5 516
6 348	7 450	8 546	9 216	10 480
11 432	12 96	13 324	14 234	

1 420	2 312	3 276	4 342	5 168
6 498	7 390	8 552	9 108	10 258
11 300	12 414	13 228	14 282	

54쪽

1 41	2 55	3 34	4 65	5 24
6 34	7 32	8 115	9 14	10 44

1 28	2 35	3 29	4 35	5 30
6 32	7 35			

55쪽

6단	9 1	6	6×5=30
6×1=6	× 6	× 8 0	6×6=36
6×2=12	6	0	6×7=42
6×3=18	5 4	4 8	6×8=48
6×4=24	5 4 6	4 8 0	6×9=54

1 252	2 480	3 204	4 468	5 294
6 390	7 576	8 90	9 138	10 342
11 546	12 480	13 402	14 288	

1 228	2 318	3 60	4 462	5 516
6 570	7 450	8 378	9 126	10 276
11 366	12 270	13 120	14 216	

56쪽

1 36	2 53	3 59	4 102	5 93
6 65	7 74	8 45	9 63	10 64

1 13	2 1	3 6	4 5	5 18
6 6	7 4			

57쪽

6단	6 8	6	6×5=30
6×1=6	× 6	× 4 3	6×6=36
6×2=12	4 8	1 8	6×7=42
6×3=18	3 6	2 4	6×8=48
6×4=24	4 0 8	2 5 8	6×9=54

1 354	2 84	3 222	4 540	5 438
6 372	7 528	8 174	9 384	10 282
11 408	12 258	13 534	14 60	

1 96	2 150	3 432	4 234	5 480
6 294	7 582	8 486	9 402	10 510
11 414	12 144	13 558	14 522	

58쪽

1 59	2 63	3 79	4 55	5 43
6 35	7 41	8 95	9 44	10 59

1 8	2 9	3 8	4 4	5 14
6 7	7 16			

59쪽

3×3=9	5×3=15	6×6=36	2×7=14
3×6=18	5×8=40	6×2=12	3×8=24
3×8=24	5×5=25	6×8=48	4×4=16
3×4=12	5×7=35	6×7=42	5×6=30
3×9=27	5×4=20	6×4=24	6×9=54

1 76	2 63	3 388	4 410	5 84
6 140	7 195	8 76	9 210	10 174
11 120	12 75	13 312	14 470	

1 30	2 72	3 380	4 260	5 282
6 168	7 270	8 272	9 195	10 156
11 144	12 240	13 52	14 435	

60쪽

1 44	2 57	3 34	4 55	5 66
6 61	7 95	8 56	9 56	10 75

1 8	2 8	3 7	4 7	5 6
6 7	7 7			

61쪽

4×6=24	5×8=40	6×4=24	2×8=16
4×9=36	5×3=15	6×7=42	3×7=21
4×2=8	5×7=35	6×9=54	4×5=20
4×7=28	5×5=25	6×3=18	5×6=30
4×4=16	5×9=45	6×6=36	6×8=48

1 108	2 207	3 140	4 240	5 96
6 46	7 228	8 320	9 255	10 552
11 134	12 258	13 80	14 215	

1 56	2 93	3 300	4 465	5 312
6 158	7 78	8 348	9 200	10 342
11 92	12 234	13 248	14 400	

62쪽

1 75	2 74	3 43	4 65	5 36
6 65	7 78	8 87	9 66	10 57

1 11	2 3	3 15	4 11	5 10
6 11	7 8			

MEMO